# CONFÉRENCE

FAITE

## AU CERCLE AGRICOLE DE POITIERS

LE 16 FÉVRIER 1873

PAR

### le comte SANSAC de TOUCHIMBERT

Adjoint au Maire.

POITIERS

TYPOGRAPHIE DE A. DUPRÉ

RUE NATIONALE, 13

1873

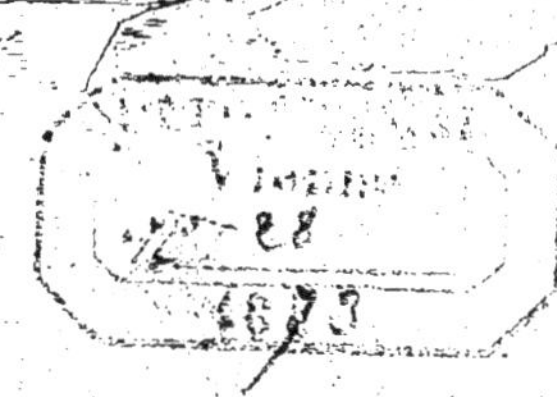

# CONFÉRENCE

FAITE

## AU CERCLE AGRICOLE DE POITIERS

LE 16 FÉVRIER 1873

PAR

le comte **SANSAC de TOUCHIMBERT**

Adjoint au Maire.

POITIERS

TYPOGRAPHIE DE A. DUPRÉ

RUE NATIONALE, 13

—

**1873**

Mesdames, Messieurs,

Catinat, l'élève de Turenne, le héros de Staffarde et de Marsaille, s'écriait un jour, probablement dans sa retraite de Saint-Gratien : « Il faut être bien héros pour l'être aux yeux de son valet de chambre ! » L'héroïsme n'est pas donné à tous, et, dans l'humble sphère où se passe notre vie, nous serions ridicule et injurieux à votre égard si nous cherchions dans ces paroles une application précise de notre situation présente. M'emparant simplement du sens philosophique de cette appréciation profonde des choses de ce monde, je vous dirai : Il faut être bien téméraire pour oser s'imposer à des esprits si supérieurs et si habitués aux délicatesses de la pensée. Mon excuse, vous la trouverez dans le désir manifesté par mes chers collègues et les encouragements qu'ils ne cessent de me prodiguer.

Ce n'est pas, au surplus, animé par un esprit de vanité que nous ouvrons ces conférences : ce mobile serait petit, mesquin, sans résultat, sans fruit. Notre but est plus désintéressé, plus élevé : nous tendons à soutenir en cette cité la vieille réputation qu'elle a conquise dans les lettres et les sciences. Nous nous efforçons d'attirer dans la voie du travail et de la production la jeunesse, afin de la rendre studieuse et digne de soutenir le fardeau national de notre chère patrie. Nous appelons autour de nous tous les hommes qui veulent savoir, tous ceux qui savent et se cachent modestement. Notre cercle à nous, c'est une réunion où les distractions contribuent à l'enseignement de tous.

Jamais œuvre ne fut plus opportune, parce que jamais l'esprit français n'a été plus exposé à s'affranchir de tout travail, et que la devise prônée en ce jour est celle du repos dans l'oisiveté, au milieu de toutes les jouissances matérielles, qui seules font l'objet de nos actives recherches.

Dans ce lieu, que nous aimons, nous laissons à la porte nos croyances politiques, nous faisons faire silence aux discussions religieuses, et nous ne rencontrons toujours que des cœurs amis. Puissiez-vous goûter les charmes de cette vie, vous unir à nous ou tout au moins nous encourager, non à cause de nos mérites, mais en considération de notre bon vouloir !

# DE L'UNITÉ DANS LA CRÉATION



Cette pensée est profondément juste ; aussi négligeons-nous souvent tout ce qui nous entoure pour porter au loin nos investigations et nos études. C'est pour réagir contre cette disposition native, pour faire aimer ce qui reste toujours gravé dans nos yeux et dans notre mémoire, que nous nous attacherons ensemble à l'étude de quelques faits simples, au milieu desquels nous verrons et admirerons la puissance et l'harmonie créatrice, conservatrice, de l'Auteur de l'univers.

C'est d'abord un fait constant que tout doit être *un* dans la création, que l'échelle qui gamme ce grand œuvre n'offre pour ainsi dire pas de vides entre les rollons, entre chaque enjambée. Donc, si nous pouvions planer comme l'aigle, nous arriverions de suite à saisir l'unité dans sa source, c'est-à-dire la connaissance universelle. Cette ambition, suivant le récit de la Genèse, perdit l'homme. Depuis cette fatale époque, il a fallu conquérir, feuille par feuille, une très-petite partie de l'arbre de la science. La feuille détachée a souvent paru isolée, sans aucun rapport avec sa voisine cueillie par une autre main; mais souvent aussi des rapprochements inouïs, inespérés, sont venus projeter un vif éclat sur cette croyance à l'unité du faisceau créé.

« La nature considérée rationnellement, a dit M. de Humboldt, c'est-à-dire soumise dans son ensemble au travail de la pensée, est l'unité dans la diversité des phénomènes, l'harmonie entre les choses créées dissemblables par leur forme, par leur constitution propre, par les forces qui les animent ; c'est le tout (le grand Pan) pénétré d'un souffle de vie. Le résultat le plus important d'une étude rationnelle de la nature est de saisir l'unité et l'harmonie dans cet immense assemblage de choses et de forces, d'embrasser avec une même ardeur ce qui est dû aux découvertes des siècles écoulés et à celles du temps où nous vivons, d'analyser le détail des phénomènes sans succomber sous leur masse. Sur cette voie il est donné à l'homme, en se montrant digne de sa haute destinée, de comprendre la nature, de dévoiler quelques-uns de ses secrets, de soumettre aux efforts de la pensée, aux conquêtes de l'intelligence, ce qui a été recueilli par l'observation. »

Aujourd'hui, j'ai l'intention de vous faire toucher du doigt quelques-uns de ces contacts intimes qui font regretter l'inconnu et donnent de l'énergie pour en poursuivre la conquête.

Parmi les phénomènes les plus simples, les plus élémentaires, toujours soumis à nos regards, à nos recherches, il n'en est pas de plus proche que ceux qui concernent la vie animale et la vie végétale. Nous allons essayer de mettre en lumière le lien, les liens qui rapprochent ces deux existences.

L'homme emprunte directement et indirectement sa nourriture aux végétaux : directement en les consommant à l'état naturel, indirectement par la viande des animaux. Le principe, le grand réservoir qui engendre les uns et les autres, c'est la terre; aussi est-ce avec raison que nous l'appelons notre mère. Le végétal et l'animal ont donc pour but spécial de chimifier tour à tour et successivement des principes nutritifs, destinés à la nourriture de l'homme. Les végétaux seuls peuvent s'assimiler des substances purement inorganiques; les animaux ne peuvent vivre que de choses ayant déjà vécu, sous forme animale et végétale, et qu'ils modifient en se les assimilant. Ce sont là des fonctions sacrées sur lesquelles nous avons la mission de veiller, parce qu'elles tiennent à la conservation de l'être. Se peut-il que la terre, habillée, transformée en végétal, que le végétal devenu de la chair animale, que cette même chair mélangée, identifiée avec la nôtre, présente des différences tellement considérables à chaque modification, qu'on ne puisse reconnaître les unes et les autres? Et ne sommes-nous pas fondés *a priori* à penser que tout cela est *un* quant aux principes constitutifs?

Prenons un grain de blé ; nous connaissons ses éléments chimiques :

| | | |
|---|---:|---:|
| Graisse. . . . . . | 20 | } 800 |
| Amidon. . . . . . | 780 | |
| Gluten. . . . . . | 170 | } 190 |
| Albumine. . . . . | 20 | |
| Sels. . . . . . . | 10 | 10 |
| **Total.** . . | | **1,000** parties. |

Mettons en regard la composition chimique du lait de nos tendres mères :

| | | |
|---|---:|---:|
| Beurre. . . . . . . | 301 | } 856 |
| Sucre de lait. . . . . | 555 | |
| Caséine. . . . . . | 27 | } 130 |
| Albumine. . . . . . | 103 | |
| Sels. . . . . . . . | 14 | 14 |
| **Total.** . . | | **1,000** parties. |

Reprenons un à un ces divers éléments, en les comparant dans les deux substances, de façon à en faire jaillir la similitude.

Graisse et beurre, ce sont deux mots chimiquement synonymes. On y rencontre du carbone, de l'hydrogène et de l'oxygène, c'est-à-dire deux composés ternaires.

Le sucre de lait et l'amidon sont deux composés chimiques presque identiques : ils contiennent du carbone, de l'hydrogène et de l'oxygène dans les mêmes rapports, et s'expriment par la même formule $C^{12} H^{10} O^{10}$. Encore ici, nous sommes en présence de deux composés ternaires.

Gluten et caséine sont des composés quaternaires, dans lesquels entrent, en proportions relativement équivalentes, du carbone, de l'hydrogène, de l'azote et de l'oxygène.

L'albumine se rencontre dans le lait de notre enfance, et dans le grain de blé, avec variation quant à la quantité. Ce sont des composés chimiques de carbone, d'hydrogène, d'azote et d'oxygène, c'est-à-dire des composés quaternaires.

Ainsi, de chaque côté, deux substances ternaires et, remarquons-le bien, faisant fonction d'aliments respiratoires, et deux substances quaternaires ou azotées, dosées dans les mêmes proportions, faisant naturellement fonction d'alimentation.

L'assimilation existe pour le lait de vache, d'ânesse, de brebis, pour tous les laits, toutefois d'une manière moins approximative.

Quant aux matières minérales, les deux laits susmentionnés contiennent des phosphates de chaux, de magnésie, de fer, de soude; du chlorure de sodium, du carbonate de soude. La seule différence appréciable consiste dans la présence du soufre dans le lait maternel, et dans la prédominance de la potasse sur la soude dans les végétaux, tandis que la soude est le principe alcalin particulièrement propre aux animaux. Nous savons cependant que les plantes s'accommodent de l'un et l'autre.

Si nous confions à la terre, en saison convenable, un grain de blé, la chaleur et l'humidité s'emparent de lui ; il ne tarde pas à se gonfler, à se ramollir et à convertir la farine intérieure en un lait ou bouillie dont nous venons de voir la composition chimique, identique au lait, qui nous sert de premier aliment. C'est dans ce foyer, dans cet œuf, dans ce sein maternel tuméfié, que va se former la tige de la plante. C'est dans ce berceau qu'elle trouvera sa vie et les éléments pour la soutenir, jusqu'à ce qu'elle puisse braver l'air extérieur et qu'elle soit armée de ses attaches au sol, les racines. C'est également au sein de sa mère, avec le même lait, que l'enfant prend sa première nourriture, jusqu'à ce qu'il s'épanouisse à l'air comme la plante, jusqu'à ce qu'il marche sûrement, c'est-à-dire jusqu'à ce qu'il ait lui aussi formé ses racines. Ces deux laits contiennent, comme nous l'avons vu, des aliments propres aux fonctions respiratoires, comme aussi des éléments propres à la nutrition. Ils présentent, surtout à l'analyse, beaucoup de phosphate de chaux, principe indispensable pour donner à la plante une certaine rigidité et à l'enfant une ossature vigoureuse. Vous voyez qu'il y a là tous les principes généraux d'une existence terrestre, et qu'il est difficile de trouver une similitude plus complète.

A la nutrition lactée chez l'enfant, alors que son système osseux s'est constitué normalement, succède ce lait végétal transformé par l'industrie humaine en farine, en pain. Il est donc vrai de dire que le lait remplace le lait, et qu'il n'y a réellement pas de transition appréciable dans ce que nous sommes convenus d'appeler le sevrage.

Si le grain de blé continue avec fruit l'allaitement maternel, il est également vrai de dire que l'engrais animal se substitue merveilleusement au lait végétal, et que la jeune plante reçoit de ce chef une impulsion végétative qu'aucune autre sorte d'engrais ne saurait lui apporter. Un même berceau reçoit donc l'homme et la plante. Vous voyez encore, Mesdames et Messieurs, que la similitude est saisissante et que l'unité de conception dont je vous parlais est ici justifiée, établie par quelques connaissances élémentaires à la portée de tout le monde. Si un pareil fait n'était pas logique, s'il ne satisfaisait pas la conscience de nos esprits, le merveilleux éblouirait nos yeux.

Poursuivons cette étude.

Voici que le végétal perce son enveloppe, aux deux extrémités de son petit œuf, et qu'à l'air extérieur apparaît une frêle tige verdâtre, pendant que des radicules noirâtres commencent à s'emparer du sol. Il prend droit de cité, de propriété ; désormais, à lui le ciel, à lui la terre dans le lieu où il a été placé. Il est condamné à vivre sans déplacement, à consommer sur place, avec faculté d'étendre ses racines en proportion des exigences de la tige, qui va bientôt montrer ses premières feuilles et s'essayer à respirer.

C'est donc absolument dans la terre et dans l'air que doivent se trouver les aliments de toutes les plantes. Dans la terre, les radicules, principes déposés dans l'embryon, donnent naissance aux radicelles, sortes de filaments chevelus, pourvus d'une multitude de petites bouches terrestres. C'est par ces suçoirs que la plante aspire les liquides qui contiennent en dissolution et en suspension tous les principes minéraux et organiques dont elle a besoin. Les principes minéraux constituent la cendre ; les principes organiques proviennent des matières végétales ou animales en décomposition, les engrais en un mot. Nous voyons encore ici un enchaînement qui crée l'unité, puisque, alternativement, la mort du végétal engendre la vie animale et que la mort de l'animal engendre la vie végétale. C'est ce qu'on a traduit en un principe d'agriculture lorsqu'on a dit : il faut restituer au sol tout ce qui lui a été pris ; autrement on sèmerait la stérilité. La mort, à cette hauteur, nous apparaît comme une nécessité d'ordre universel : c'est encore un grand fait d'unification. Toutefois ce fantôme, vu en face, n'est qu'une apparence, car dans la nature rien ne se détruit, rien ne se perd ; ce qui nous semble destruction, anéantissement, n'est en réalité que transformation, combinaison ou décomposition.

Éloignons-nous de ces pensées sombres, au travers desquelles cependant perce un rayon d'immortalité. Le grand air, le soleil nous appellent. La tigelle s'épanouit, le vent la balance harmonieusement, tout ici respire la fraîcheur, la jeunesse. La vie est aussi conservée dans ce milieu gazéiforme. Tous les corps peuvent se concevoir successivement sous les trois formes que présente l'eau : liquide, solide et gaz. Nous comprendrons que tous les êtres puissent se les assimiler sous ces trois apparences, chacun suivant ses convenances et ses prédilections. Dans l'acte de la respiration, nous absorbons une certaine quantité d'air atmosphérique. Cet air est composé de deux éléments, l'oxygène et l'azote. L'azote n'a qu'un rôle passif : il tempère, il modère ; l'action appartient à l'oxygène. C'est ce gaz qui engendre toutes les combustions. Il échauffe, il brûle, il consume avec une énergie qui est en raison directe de sa force et de sa quantité. Il se précipite avec rage, avec furie, partout où il y a commencement de chaleur engendrée. C'est lui qui nous donne ces douleurs cuisantes après une brûlure, après une coupure. Il arrive, dit Tyndall, partout où un dégagement de chaleur apparaît, comme une légion, comme une armée, comme une avalanche de forgerons lilliputiens, frappant, frappant sans cesse avec rage et furie. L'acte de la respiration fait entrer dans nos poumons cette phalange de fils de Vulcain, armés de pied en cap ; ils vivent avec délice au sein de cette fournaise qu'ils ont allumée, jusqu'à ce qu'à l'expiration qui tempère leur ardeur, qui suspend leurs bras, succède la respiration qui les trouve toujours aussi dispos, aussi ardents au travail. Toutefois, après l'acte de la respiration et de la combustion, l'air que nous renvoyons à l'atmosphère n'est plus semblable à celui que nous lui avons emprunté. Il est transformé en gaz acide carbonique. C'est grâce à cette transformation que le sang veineux, noir, vicié, impropre à l'alimentation, est converti en sang artériel d'un beau rouge, servant seul à l'entretien et à la respiration des tissus animaux.

Dans les plantes, il y a aussi un acte respiratoire ; cette fonction se produit par les feuilles. La séve, arrivée dans les feuilles, se trouve en contact avec l'air atmosphérique ; elle en absorbe l'acide carbonique, le décompose, ainsi qu'une partie de l'air, sous l'influence de la lumière solaire, retient le carbone de l'acide et une petite proportion de l'oxygène de l'air, et, par son contact avec ces substances, se convertit en un fluide capable de nourrir le végétal. Les feuilles sont les organes essentiels de la respiration des plantes ; elles sont les analogues des poumons dans les animaux. Par une harmonie qui, tout en se séparant de l'unité, arrive à la maintenir, les plantes respirent précisément le gaz acide carbonique que nous expirons et expirent le gaz oxygène que nous respirons. Notre respiration est donc à toute minute la chose enviée, sollicitée par ces ravissantes plantes surmontées de fleurs odoriférantes, et, en les admirant, vous échangez avec elles, dans un mystérieux silence, votre souffle avec leur souffle, votre vie avec leur vie. Je ne m'étonne plus, mesdames, si elles vous aiment tant et si nous aimons tant vous les offrir.

N'oubliez pas cependant que le jeu de la lumière est indispensable pour l'échange profitable entre la plante et vous des gaz oxygène et acide carbonique. La nuit, ah ! la nuit, il y aurait pour vous danger d'asphyxie si vous dormiez avec ces compagnes de nos fêtes et de nos plaisirs. Une jeune fille reçut un jour de son fiancé un bouquet de violettes de Parme ; le soir elle s'endormit après l'avoir déposé sur son sein. Hélas ! plus de lendemain pour elle. Elle était morte empoisonnée par l'expiration de ces petites fleurs, qui, sans pitié pour leur jeune et imprudente sœur, et n'obéissant qu'aux lois invariables de l'organisation vitale, ont, en échange de l'oxygène que la lumière du soleil leur avait donné, exhalé l'acide carbonique délétère, tribut payé à la nuit par le règne végétal.

Il y a donc perpétuellement un échange de souffle,

d'haleine, de vie, entre la plante et nous. Ce n'est pas à dire que, sans l'homme, le végétal ne puisse vivre. L'atmosphère contient un peu d'acide carbonique, les pluies en déposent dans le sol, toutes les décompositions en renferment beaucoup : dès lors on peut comprendre qu'une forêt vierge se suffise à elle-même. Le géant tombé de vétusté redonne par la putréfaction, par la combustion son carbone à ses enfants. Il ne rend à la terre que la cendre, principe puisé uniquement au minéral. Ceci vous explique l'absence de végétation dans les déserts. Là, tous les principes nécessaires à la vie font défaut. Pas d'humidité, parce que le sol n'en contient pas ; pas de condensation de vapeur, parce que le végétal et l'animal font défaut.

L'expérience a montré de plus que la surface des feuilles est le siége d'une active évaporation, *en tout point semblable à celle qui s'effectue à la surface du corps humain ;* la vapeur d'eau dégagée a pu être recueillie dans diverses conditions et soumise au pesage. Cette évaporation varie singulièrement avec l'âge des feuilles. Celles qui sont jeunes, exposées au soleil, évaporent en une heure un poids d'eau égal au leur, alors que les feuilles plus âgées en donnent la moitié moins. La feuille, à mesure qu'elle approche du terme de son activité, exhale une quantité de vapeur de plus en plus faible, et c'est, d'après M. Deherain, l'anéantissement de la faculté évaporatoire dans une feuille morte qui détermine les mouvements des principes immédiats du bas de la tige au sommet et qui, finalement, amène la maturité dans le fruit.

Lorsqu'on considère un champ de blé aux approches de la moisson, on peut observer que la base de la tige et les feuilles qui y adhèrent sont jaunes et décolorées, alors que les feuilles et les épis encore en fleurs sont d'une couleur verte très-prononcée. Il ne faudrait pas croire que la mort a saisi chacune de ces feuilles et qu'elle s'apprête à détruire ce qui reste de vie dans la plante : ce serait une profonde erreur. A ce moment où le fruit va acquérir la plénitude de sa constitution, le végétal réunit toutes ses forces pour les lui communiquer, pour les concentrer en lui. La nature, dans un effort suprême, se replie sur elle-même, et, d'un bond à travers ses propres ruines et ses décombres, couronne sa mortalité par un enfantement qui lui donne l'immortalité du temps. La première feuille qui se flétrit transmet aux feuilles supérieures certains principes immédiats, comme la glucose et l'albumine ; certains principes minéraux, comme les phosphates et la potasse, principes que nous avons retrouvés dans la décomposition chimique du grain de blé, et que les feuilles supérieures présentent en plus grande abondance pour ensuite les transmettre au fruit.

Il n'y a dans cette mort apparente aucune destruction. C'est par un mouvement de transport, en tout point comparable à la circulation chez l'animal, que se produisent ces apparitions et ces disparitions successives. Et voici comment encore tout se tient et s'enchaîne dans la nature, comment l'unité apparaît partout.

Nous trouvons naturellement dans ce qui précède l'explication des récoltes précoces ou tardives.

En effet, si la saison est pluvieuse, la lumière solaire peu vive, les plantes puisent dans le sol gorgé d'eau le liquide nécessaire à la faible évaporation provoquée par une lumière peu intense. Alors la récolte a de la peine à mûrir. Au contraire pendant un été sec et chaud, la lumière éclatante du soleil détermine une puissante évaporation, le sol desséché ne peut fournir l'eau indispensable au végétal : dès lors, les feuilles plus jeunes empruntent à celles qui sont plus âgées l'eau qu'elles renferment, ainsi que les principes immédiats qui y sont dissous. Les feuilles périssent, et, ce phénomène se répétant d'une feuille à l'autre, la végétation herbacée avance rapidement vers sa fin dernière, la production des graines.

Vous voyez d'ici l'assimilation avec les êtres organiques. L'absence de nourriture suffisante ou peu nourrissante engendre l'anémie, la mort. Sous les climats tropicaux, la vie est plus limitée, l'espèce a beaucoup de peine à s'y conserver.

Une feuille est composée de deux feuilles superposées l'une sur l'autre et réunies seulement là où il y a des fibres, des nervures. Ces fibres, ces nervures forment entre elles des cases non adhérentes dans les intervalles. La nature aime ces soudures géminées : notre corps en est un exemple. Presque tous les êtres sont soudés par des lignes médianes qui les partagent en deux. Le dessus de la feuille, lorsqu'il reçoit les rayons solaires, est d'un beau vert ; il est lisse et brillant. Ce vernis lui est apporté par les racines, et c'est un composé de silice, c'est-à-dire de sable ramené à l'état de gélatine. Pour s'en convaincre, il suffit de laver à grandes eaux quelques

feuilles bien vertes, de filtrer ce lavage : on recueil-
lera du sable, de la silice. Vous vous demandez
peut-être : mais qui peut fondre ainsi du sable, de
telle façon que les suçoirs des racines puissent l'absorber et le transmettre à l'état liquide aux feuilles,
afin de leur donner ce brillant vernis qui charme nos
yeux ? Ce n'est pas un mystère. Le grand agent de toutes
ces fusions terrestres à l'état normal, c'est ce même
acide carbonique exhalé par nos poumons. On le voit
notamment fonctionnant dans la chaux en fusion :
ceci vous explique pourquoi on emploie la chaux, le
plâtre en agriculture. Ces engrais minéraux dégagent
des volumes d'acide carbonique qui désagrégent, qui
fusionnent tous les aliments que les racines s'appro-
prient. Ce n'est pas la seule raison, mais c'est une des
plus considérables.

Mais la couleur verte de la feuille, qu'est-ce que
c'est ? Pardonnez-moi encore une expression scientifique, c'est de la chlorophylle. Chlorophylle est un
mot tiré de la langue grecque, comme presque tous
les mots de science : cela veut dire feuille verte. La
chlorophylle est donc une substance colorée qu'on
rencontre dans un grand nombre de cellules, et c'est
à cette substance que les feuilles doivent leur colora-
tion verte, les pétales leurs couleurs variées. Elle se
présente sous la forme de flocons nuageux, qui
nagent dans le liquide incolore contenu dans les cellules, et se déposent, en y adhérant ou sans y adhé-
rer, sur les parois de la cellule et sur les grains de
fécule qu'elle peut contenir.

Vous savez que le sang humain paraît, à nos yeux
très-imparfaits, malgré leur perfection apparente,

parfaitement liquide, mais que, vu sous un microscope puissant, il n'en est plus ainsi : le sang se montre alors composé de globules très-petits, de forme ronde, et tout aussi séparés que des grains de mil réunis par masse. Les casiers d'une feuille , à l'œil nu, ne nous représentent qu'un liquide gluant, sorte de plasma (1) sans apparence de molécules. Mais si nous soumettons au même microscope , à l'air libre, au soleil, les cases situées entre les nervures qui soudent la feuille supérieure à la feuille inférieure, nous apercevons des globules semblables en tous points à ceux du sang de l'homme, à l'exception de la couleur. Elles ont, sous l'influence de la lumière solaire, un mouvement de va-et-vient et une propension à se réunir au centre des petites chambres ou casiers. Cette vie apparente semble tenir au déplacement du plasma, qui, dans cette hypothèse, servirait d'union aux globules chlorophyllaires. C'est grâce à cette activité et à la concentration au centre des globules que les feuilles accusent de plus en plus une belle couleur verte, signe de prospérité générale pour le végétal. Si, au contraire , nous transportons tout l'appareil dans un lieu sombre, dans une cave par exemple, et que nous l'éclairions par un jet de lumière même peu intense, nous voyons aussitôt les grains de chlorophylle rétrograder du centre de la case à ses bords les plus immédiatement en contact avec les nervures, s'y fixer, se cacher de plus en plus, disparaître presque complétement. Si cet état se pro-

(1) C'est un liquide composé de sucs nutritifs de l'économie animale, dans lequel nagent les globules microscopiques du sang.

longe, la feuille perd de sa verdeur, elle jaunit, elle
est anémique, et un des moyens curatifs le plus spé-
cifique consiste à lui faire respirer le grand air, à lui
faire absorber du fer, absolument comme pour
l'homme. Toutes les feuilles présentent ce spectacle ;
cependant il est d'autant plus facile à constater
qu'elles sont plus minces, que les parois sont plus
transparentes ; cette expérience est très-facile à faire.
Écoutons M. Prilleux :

« L'action de la lumière sur la position des grains
de chlorophylle peut être très-commodément étudiée
la nuit, à l'aide d'une lampe que l'on éteint et que l'on
rallume à volonté. Je citerai seulement comme
exemple une expérience faite le 20 décembre der-
nier, à cinq heures du soir. La plante, tenue depuis
plusieurs jours dans l'obscurité, montrait tous ses
grains de chlorophylle appliqués le long des parois
latérales des cellules. Je l'expose alors à la lumière
d'une lampe, renvoyée par le miroir du microscope ;
à six heures et demie, plusieurs grains sont parvenus
à la face supérieure : en une heure, le mouvement
s'est opéré d'une façon très-appréciable ; deux grains
occupent déjà la paroi supérieure de la cellule.
J'éteins alors la lampe : à sept heures quinze, les
grains qui étaient le long de la paroi supérieure ont
regagné pour la plupart les parois latérales. Je rallume alors la lampe : au bout de peu d'instants, je
vois les grains de chlorophylle changer de place, et,
au bout d'un quart d'heure, plusieurs ont glissé des
parois latérales à la paroi supérieure. Je dessine successivement leur position à onze heures cinquante-
cinq, minuit, douze heures quinze, douze heures

trente, le déplacement paraît alors achevé : les grains sont répartis sur la paroi superficielle des cellules ; ils ont pris la position diurne. Soit à la lumière de la lampe, soit au jour, j'ai vu communément le changement de la position nocturne à la position diurne des grains de chlorophylle s'effectuer en une heure environ. »

Vous voyez que de points de contact, que de ressemblance il y a entre la chlorophylle et l'hématose ou le sang humain. La grande voie qui rapproche de l'unité, qui nous mène à cette centralisation créatrice, n'est-elle pas encore présente ici à nos yeux et à notre intelligence ?

Par les racines, le végétal, comme nous l'avons déjà dit, pompe tous les sucs dont il a besoin et pour son corps et pour les branches et pour les feuilles. Avons-nous réfléchi à cette ascension de la séve et à sa répartition dans certains arbres qui atteignent quelquefois des proportions gigantesques ? Deux phénomènes produisent ce double résultat : la capillarité et l'endosmose. Par la capillarité, les liquides montent d'eux-mêmes en suivant de longues tubulures ; c'est ainsi que l'eau gagne de proche en proche toutes les parties d'une éponge, les molécules d'un morceau de sucre. Par l'endosmose, l'échange est horizontal et se fait à travers les cloisons. Pour comprendre ce phénomène, dont on doit la découverte à M. Dutrochet, nom très-connu en cette ville, on est obligé de supposer l'existence d'une force dans l'épaisseur même de la membrane ; il est facile, du reste, de le démontrer à l'aide d'une expérience très-simple. Dans une vessie ou tout autre sac membraneux, et sans le remplir complétement, plaçons de l'alcool : lions l'ouverture assez fortement pour qu'aucune particule liquide ne puisse s'échapper ; jetons ce sac fermé dans un vase plein d'eau, et laissons-le séjourner dans ce bain une ou deux heures. Au bout de ce temps, le sac sera gonflé outre mesure, et s'il n'était retiré de ce bain il pourrait y avoir rupture de l'enveloppe elle-même.

Ce gonflement du sac, comme on pourrait le croire, n'est pas le résultat d'un courant qui s'est produit dans un seul sens, mais bien un effet des deux courants travaillant en sens inverse, et, si le sac s'est gonflé, c'est que le courant sortant avait moins d'énergie que le courant contraire. C'est là précisément ce qui constitue la force d'endosmose, force qui joue un si grand rôle dans les phénomènes vitaux du règne végétal, aussi bien que dans ceux du règne animal.

Du double courant par capillarité et par endosmose, de l'action respiratoire des feuilles, résulte la vie.

Lorsque la séve s'est ainsi disséminée en se fixant là où elle est sollicitée, elle redescend le long de la couche superficielle et donne naissance à une nouvelle paroi ligneuse.

Cette circulation de la séve, sans être identique à celle du sang humain, a pourtant avec cette dernière plus d'un point de ressemblance. Doué de la faculté de locomotion, nous devions porter tout l'appareil digestif avec nous ; il devait en être autrement de la plante, condamnée à un habitat stable. Chez l'homme, la circulation est entière ; chez le végétal, elle n'est que moitié : le cœur est remplacé par la terre. Chez tous les deux, le sang et la chlorophylle ont besoin de l'air extérieur, de l'air ambiant, de la lumière avant de devenir propres à la nutrition ; car c'est seulement sous l'influence de la lumière que la chlorophylle absorbe et assimile le carbone en décomposant l'acide carbonique pour rejeter l'oxygène. On pourrait peut-être dire avec plus de raison que ce n'est ni par les rayons calorifiques ni par les rayons lumineux contenus dans les rayons solaires, mais par les rayons chimiques que cette action s'exerce sur les plantes. Les végétaux et les animaux ont enfin certains principes non assimilables qui sont expulsés par voie de transpiration et d'excrétion.

Une pauvre prisonnière, après avoir longtemps végété dans une sombre prison éclairée seulement par une sorte d'ouïe de cave, s'était prise d'un si bel amour pour la lumière solaire qu'elle était parvenue, après bien des tentatives, des efforts et une persévérance touchante, à se traîner sur ses genoux, à gravir jusqu'à cette lucarne d'où venait un reflet du ciel. Là, elle enlaçait les barreaux de fer de ses bras décharnés et raides, elle respirait, elle humait l'air avec délice, et semblait remercier Dieu de cet immense bonheur. Déjà sa face blême reprenait quelque couleur, et rien qu'à ce contact sa maigreur commençait à disparaître. Des jours meilleurs semblaient venir, l'espérance renaissait en son cœur ; mais, ô douleur ! un enfant l'aperçut : au lieu d'avoir pitié d'elle, brutalement il la tira à lui, et elle retomba mutilée, sanglante, sur le sol du sombre cachot..... elle était morte ! Hélas ! hélas ! vous croyez peut être que je raconte une rêverie enfantée sous mon cerveau ; non : l'histoire de cette infortunée est véridique ; je puis vous livrer son nom : elle était une des filles de l'illustre Parmentier ! On releva son cadavre, on le disséqua, on le mit dans une balance, il ne pesait presque rien, il n'avait pas pu s'assimiler le moindre atome de carbone, le moindre principe de fer. Vous voyez que c'est avec raison que j'ai parlé de la chimification opérée par les rayons solaires.

Est-ce que cet infortuné tubercule ne pourrait pas être une créature humaine ? est-ce que les mêmes faits n'auraient pas produit les mêmes effets sur un être de notre espèce ? Évidemment oui ; et vous voyez que, par quelque côté que nous envisagions cette question, le parallélisme engendre l'unité.

Le végétal n'a certainement pas notre intelligence, mais on ne saurait dire qu'il en manque absolument. Il a un instinct merveilleux pour trouver la lumière et la terre riche d'humus. Vous venez de voir quels efforts il fait pour prendre sa part au soleil, et vous savez comme il est adroit pour contourner un rocher qui fait obstacle à sa marche. Rien ne le rebute : ses racines plongent, sortent de terre, rampent sur le roc, se laissent couler dans le vide afin d'arriver à l'oasis qu'il devine, sans que nous puissions connaître la puissance de ce flair. Il y a là un sens que nous ne pouvons pas préciser, mais qui existe avec une grande force, et que nous ne pouvons méconnaître.

Le végétal sommeille la nuit ; sa vie, son activité semblent s'affaisser avec l'absence de la lumière. Quelques-uns font la grasse matinée, d'autres sont très-matinals, ne dorment presque pas ou dorment *très-vite*, selon l'expression pittoresque de M^me de Genlis. Si le temps est à l'eau, il en est plusieurs qui prolongent le sommeil au-delà des limites (1). Il en est aussi qui se voilent sous les rayons d'un soleil ardent et n'ouvrent leurs calices que sous un demi-jour. Le volubilis est de ce nombre.

Nos jolies femmes ont leurs nerfs, est-ce que les plantes n'ont pas aussi les leurs ? Avisez-vous de porter la main sur elles, que dis-je ! de toucher seulement du bout du doigt quelques-unes de ces dames : vous les voyez aussitôt se retirer, se voiler la face et si bien se recoquiller qu'elles prennent une figure boudeuse qui vous dit assez clairement que vous leur êtes désagréable, que vous leur déplaisez. Le bruit les effraie, un nuage qui passe les émeut, tout est sensation pour ces frêles créatures. N'avons-nous pas tous connu de ces tempéraments fantasques, bizarres, idiosyncrasiques, pour lesquels tout est émoi, effroi, pour lesquels la vie est un tremblement nerveux constant et que la science est impuissante à calmer ?

Une plante irritable et vindicative s'il en fut, c'est la dionée, communément appelée *attrape-mouche*. Sa feuille, en forme de spatule, est surmontée de deux corps lobés et velus tournant autour du pétiole prolongé en guise de charnière. Qu'un insecte se pose sur une des faces de ces lobes, ceux-ci se resserrent aussitôt, et le voici prisonnier. Est-ce bien prisonnier

---

(1 Linné a fait cette remarque sur le souci d'Afrique. La fleur de la pimprenelle s'ouvre à l'humidité ; sous le même mobile le trèfle et quelques autres légumineuses se redressent.

qu'il faut dire ? Le malheureux est tombé dans le plus épouvantable instrument de torture. Plus il lutte, plus il se débat et plus les lobes l'enserrent, l'étreignent et le compriment. L'insecte se fatigue, la plante jamais ! Enfin le voici épuisé, et il reste immobile. Un instant l'espérance renaît pour lui, les lobes se relâchent insensiblement, un petit jour se fait ; encore un peu, et le pauvre captif pourra échapper à son bourreau..... Vain espoir ! au premier mouvement, la prison s'est refermée, l'étreinte s'est fait sentir de plus belle. C'en est fait ! il restera prisonnier et martyr.

Il est des tyrans, il est des despotes dans tous les rangs de l'échelle sociale, qui savent artistement crucifier, dévorer des victimes humaines.

Un rapprochement curieux entre le règne animal et le règne végétal est également l'emploi pour l'un et l'autre de la méthode anesthésique. Avec une solution d'opium, de nicotine, d'alcool, on rend les plantes insensibles à tous les agents qui les influencent si vivement : c'est ainsi que la sensitive cesse de recevoir aucune impression du toucher.

Mais est-ce que tout ne nous dit pas que nos existences sont tellement liées à ces tapis de verdure qui couvrent le sol, à ces arbres à stature gigantesque, que lors même que la vie animale ne viendrait pas des végétaux, nous ne saurions concevoir la vie morale sans eux ? Est-ce que la nature végétale n'est pas une nécessité pour nos yeux, pour notre esprit, pour nos cœurs ? est-ce qu'elle n'allége pas le poids des ennuis de la vie ? est-ce que, dans un salon tout en fleurs et inondé par des flots de lumière artificielle, elles ne viennent pas assainir le milieu dans lequel

nous sommes plongés, en nous donnant leur oxygène
et en absorbant le gaz acide carbonique que nous
exhalons, et que des milliers de lumières engendrent
à nos côtés (1)? La promenade, par une belle matinée de printemps, mais c'est une revue de ce musée
mis toujours à notre disposition par le Créateur, sans
obole déposée à la porte, sans le décime pour le pa-
rapluie ou la canne. Après tout, vos musées circons-
crits entre quatre murs ne sont qu'une pâle copie de
ce que la nature met avec profusion sous nos yeux.

Vous avez le cœur gonflé, vos paupières sont hu-
mides, vous allez devant vous sans pouvoir respirer à
l'aise, tant l'oppression vous gagne. Tout passe près
de vous ne vous apportant qu'insouciance et dégoût ;
mais si vos yeux quittent un seul instant cette mé-
lancolie douloureuse pour voir à travers vos larmes,
cette fleur aux reflets chatoyants, sur laquelle brille
une goutte de rosée, vous vous arrêtez et vous lui
dites : « Ma sœur, tu pleures, tu pleures aussi. Qu'as-
tu? Tu souffres comme moi! causons ensemble. »
Et vous la considérez, elle vous paraît belle, elle vous
console, vous êtes moins oppressée.

Si au contraire votre joie déborde, vous butinez
ces innocentes, vous les effeuillez en prononçant des
paroles douces à votre cœur, vous les torturez pour
qu'elles pensent comme vous, vous les mettez en
petites gerbes, vous les attachez à votre ceinture, à

_______

(1) De Candolle et Henri Mangon n'avaient pas pu constater l'influence d'une lumière autre que celle du soleil sur le dégagement des
gaz par les plantes. M. Biot n'a pas obtenu plus de succès. Il était
réservé à M. Prilleux de soulever ce voile. La lumière électrique fait
dégager l'oxygène.

votre chapeau ; elles vous sourient toujours, toujours, malgré leur mutilation ; vous leur rendez sourire pour sourire ; quels doux pensers, quels moments heureux elles vous apportent ! Aussi le chantre harmonieux de Milly a-t-il dit :

> Objets inanimés, avez-vous donc une âme
> Qui s'attache à notre âme et nous force d'aimer ?

Dans l'une et l'autre hypothèse, vous vivez avec elles, elles partagent dans votre esprit et dans votre cœur vos sensations de peine, de joie. Vous voyez bien qu'elles ne font qu'un avec vous.

Enfin, sur la tombe des êtres qui nous sont chers, qui ne plante pas un arbuste, qui ne dépose pas une fleur ? Vous allez souvent visiter ce lieu. Dans le bruit des feuilles agitées par le vent, vous croyez entendre le murmure de celui ou de celle que vous pleurez. Dans la respiration de ces mêmes feuilles, vous recueillerez désormais le souffle d'une vie qui s'est éteinte, mais qui abandonne à la nature encore quelque chose de ce qui lui reste pour le donner au végétal et vous le transmettre, sous des apparences voilées, gazeuses, souvent parfumées. Heureuse supercherie du Créateur, qui vous trouve toujours, là ou là, sans défense !

Vous le voyez donc, du berceau à la tombe et par delà la tombe, nous sommes un avec les plantes, comme elles sont avec nous dans une harmonie et une fusion parfaite. Tour à tour végétal, animal, nous recommençons cette triade de transformation, qui est une véritable métempsycose. A l'exception de

nos âmes, tout en nous sert à la reconstitution
d'autres êtres, et ce monde marche ainsi, décomposant ses éléments, les reconstituant et les décomposant à nouveau, sans apparence de lassitude et d'a-
moindrissement dans les principes constitutifs et
dans les chefs-d'œuvre qui nous entourent. C'est un
cycle qui a eu un commencement et qui aura une fin,
dont la minute méconnue disloquera toute cette harmonie pour en créer une plus puissante et plus
durable.

Nous comprenons que les anciens, plus par in-
tuition que par déduction scientifique, aient cherché
à unifier dans leur rêverie poétique les hommes et
les arbres.

Phaéton, dit Ovide, vient d'être foudroyé par Jupiter. Son corps est tombé dans l'Éridan (aujour-
d'hui le Pô); les nymphes du fleuve, après lui avoir
rendu les derniers devoirs, mettent sur son tombeau
cette épitaphe : « Ci-gît Phaéton, qui conduisit autre-
fois le char du Soleil, son père; la beauté d'une
entreprise si noble et si hardie le justifie du malheur
qui l'a suivie. »

« Cependant, continue le poète, le Soleil, accablé
de douleur, se cache et reste un jour entier sans
éclairer le monde..... Clymène, mère de Phaéton,
s'arrête près du tombeau qui tient enfermés les os de
son fils, mouille de ses larmes le marbre qui porte
son nom et tâche de l'échauffer en l'embrassant.
Les Héliades, toutes trois sœurs de Phaéton, joi-
gnent leur désespoir à la douleur maternelle; elles
se meurtrissent la poitrine..... Attachées nuit et jour
au tombeau de leur frère, elles prononcent sans cesse

le nom de leur cher Phaéton, qui ne peut plus les entendre. Quatre mois s'écoulent, et leur peine, devenue habitude, est encore aussi vive qu'au premier moment ; lorsqu'enfin Phaétuse, qui est l'aînée, voulant s'asseoir à terre, sent ses genoux se raidir ; elle jette un grand cri, et la belle Lampérie, qui veut la secourir, ne peut s'approcher d'elle, car ses pieds sont devenus des racines ; la troisième, désespérée du malheur de ses sœurs, lève les mains pour s'arracher les cheveux et ne saisit que des feuilles. L'une se plaint que ses jambes ne sont plus que le tronc d'un arbre ; l'autre voit ses bras se changer en branches ; elles sentent l'écorce couvrir tout leur corps ; elles n'ont déjà plus que la bouche qui ne soit pas enveloppée, et elles appellent leur mère. Mais, hélas ! quel secours peut-elle leur donner ? Elle va tantôt à l'une, tantôt à l'autre de ses filles ; elle les embrasse, tandis qu'il lui est encore permis de les embrasser.

En vain elle s'évertue à les dégager des racines qui les tiennent attachées, elle n'arrache que des branches encore tendres, et elle en voit sortir des gouttes de sang : « Épargnez-nous, ma mère ! s'écrient-elles, épargnez-nous ! les efforts que vous faites sont autant de cruelles blessures dont vous nous déchirez. Adieu ! chère mère, adieu pour toujours ! » — Telles sont leurs dernières paroles. L'écorce qui achève de les recouvrir leur ferme la bouche à jamais. Mais elles continuent encore à pleurer, et les larmes qui coulent de leurs branches deviennent autant de grains d'ambre. L'Éridan les reçoit, et c'est là qu'on les recueille pour en faire l'ornement des dames romaines.

Cycnus, l'ami de Phaéton, laissant les pays où il commande, où il est honoré, vient à son tour faire retentir de ses cris de douleur les rives du fleuve ; mais tout à coup il sent sa voix s'affaiblir, ses cheveux se transformer en plumes, son cou s'allonger, ses doigts s'attacher par une membrane rougeâtre. Ce n'est plus le prince d'Étrurie : c'est un cygne qui, se ressouvenant toujours de la foudre dont Jupiter a frappé son ami, ne veut désormais habiter, dans sa haine pour le feu, que l'élément qui lui est le plus contraire.

Le tableau est complet, n'est-ce pas ? à la fois grandiose, triste et charmant. Pour nous, il résume sous une image fantastique ces décompositions chimiques qui font de l'homme et du végétal une même chose, dans laquelle n'entre pas notre âme, dédaigneuse des transformations terrestres, et dont elle s'affranchit avec une joie céleste, comme un infirme qui, subitement guéri, jette au loin ses béquilles et court à travers l'espace. Puissiez-vous, Mesdames et Messieurs, quitter cette salle avec la même légèreté ! Puisse cet entretien vous avoir apporté quelque charme ! Alors nous vous dirons : au revoir. En attendant, veuillez, je vous prie, recevoir tous mes remerciments pour la bienveillante attention que vous m'avez accordée.

Poitiers. — Typ. de A. Dupré.

BIBLIOTHEQUE NATIONALE DE FRANCE
3 7531 05037170 8